大视野原创科普馆

大科学家讲科学

赵鹏大 著

爱护我们共同的家园

——著名科学家谈地球资源

湖南少年儿童出版社
HUNAN JUVENILE & CHILDREN'S PUBLISHING HOUSE

图书在版编目（CIP）数据

爱护我们共同的家园 ：著名科学家谈地球资源 / 赵鹏大著. —长沙：湖南少年儿童出版社，2019.6

（大科学家讲科学）

ISBN 978-7-5562-3333-5

Ⅰ. ①爱… Ⅱ. ①赵… Ⅲ. ①自然资源－少儿读物Ⅳ. ①X37-49

中国版本图书馆CIP数据核字(2017)第134294号

CnS PUBLISHING & MEDIA 中南出版传媒

大科学家讲科学 · 爱护我们共同的家园

DAKEXUEJIA JIANG KEXUE · AIHU WOMEN GONGTONG DE JIAYUAN

特约策划：罗紫初　方　卿

策划编辑：阙永忠　周　霞

责任编辑：万　伦

版权统筹：万　伦

封面设计：风格八号　李星昱

版式排版：百愚文化　张　怡　王胜男

质量总监：阳　梅

出 版 人：胡　坚

出版发行：湖南少年儿童出版社

地　　址：湖南省长沙市晚报大道89号　　**邮　　编**：410016

电　　话：0731-82196340 82196334（销售部）

0731-82196313（总编室）

传　　真：0731-82199308（销售部）

0731-82196330（综合管理部）

经　　销：新华书店

常年法律顾问：北京市长安律师事务所长沙分所　张晓军律师

印　　刷：长沙新湘诚印刷有限公司

开　　本：710 mm × 1000 mm　1/16

印　　张：5.75

版　　次：2017年8月第1版

印　　次：2019年6月第2次印刷

定　　价：16.00元

目录

一、地球：人类资源的宝库

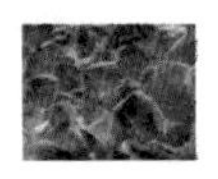

地球是人类的母亲。她不仅在漫长的演化过程中创造出生命，创造出人类，而且以她丰富的“乳汁”哺育着人类。

我们人类每天都在吮吸着地球母亲的“乳汁”，总在礼赞地球这位母亲的崇高、伟大、无私，总在心中感谢这位母亲的慷慨和慈爱，总以为这位母亲是那样富有、健康。我们一再相信她能为她的子孙世世代代提供取之不竭用之不完的物质财富，并常常为此感到骄傲和自豪。殊不知我们在向地球母亲索取的同时也正在损害她的健康，消耗她的能量，摧残她的生命。比如我们在大量饮用和使用淡水时便使地球许多地方淡水资源变得匮乏；我们大量砍伐和利用森林资源，却使物种多样性遭到破坏，植被遭到破坏，水土流失，土地沙漠化；我们发展城市，建筑公路、铁路体系，修建水库，却使种植粮食的可耕地锐减；我们大量勘探和开采地下蕴藏的各种矿产资源，却使地球母亲陷于对她的子孙们物质供应上难以为继的尴尬局面。而且也使地球环境受到不同程度的破坏，因此，我们人类在接受地球母亲的慷慨赐予以及主动索取地球母亲的物质、能量、信息资源，特别是开发利用一些不可再生资源的时候，一定要考虑到她的承受力、承载力和长期效应。

上面提到不可再生资源，青少年朋友不一定十分明了。

我们知道自然资源是指在一定技术经济条件下，自然界对人类有用的一切物质、能量和信息，包括空气、水、阳光、矿物资源、森林资源、国土资源等等。而不可再生的自然资源主要是指经过漫长地质演化作用聚集而成、在短期内不能得到恢复和再生的矿物原料和能源。所谓矿物原料，是指工业上可用来加工提炼出对人类有用的物品的各种金属（如铁、镍、金、银等）以及可用于化学工业和农业的多种非金属矿产（如氮、硫、磷等）。不可再生能源是指化石燃料（包括石油、天然气和煤等）和铀、钍等特殊金属资源。

这里我强调不可再生资源，一是因为它与人类社会关系紧密，全世界的人都要从地球取得这些物质来维持生命，建造住宅和制造交通、生产工具以及各种生活用品；二是由于人类的不断开采和消耗，这类资源面临着短缺甚至枯竭的危险，已经成为制约人类社会经济增长的关键因素；三是开采和利用这类资源极易造成对环境的破坏和损害。

历史上，对不可再生资源的争夺与反争夺几乎是社会发展的动力之一，尤其是近一百多年间，国际战争几乎都是为资源而战。第一次世界大战如此，第二次世界大战也是如此，其中日本军国主义者侵略中国的最直接意图就是要侵占我国大好河山，掠夺地下资源以弥补其弹丸岛国资源之不足，在战争期间日本侵略者在我国开采和掠夺了大量的矿物资源运回日本国内。

两伊战争是一场石油战争，而在20世纪90年代爆发的海湾战争更是一场最典型的石油战争。1990年8月2日凌晨2时，伊拉克出动精兵十万，以闪击形式越过科威特北部边境，2小时后占领了科威特。尔后以美国为首的多国部队对伊拉克实行军事行动，海湾战争爆发。战争的结局我们从历史资料上可以了解到，用高新技术武装的多国部队一直控制着战争的主动权，战争以伊拉克败北而告终。

为什么要在这里讲述这个战争故事呢？主要是因为海湾战争爆发的根源发人深省。海湾战争实际上是对石油资源的争夺。伊拉克和科威特都是盛产石油的海湾国家，伊拉克进攻科威特的理由有三条：一是石油政策，伊拉克指控科威特伙同阿联酋超产石油、降低油价、不执行欧佩克制定的限产保价政策；二是偷采石油，伊拉克指控科威特在两伊战争期间蚕食伊拉克领土，在伊拉克领土上建立石油设施和军事设施，并且在伊拉克南部的鲁迈拉油田南部偷采属于伊拉克的石油，价值24亿美元；三是债务问题，伊拉克在两伊战争期间曾向科威特借款100亿美元，伊拉克认为它与伊朗作战是为了保卫阿拉伯民族，应免除战争

债务。而科威特对以上三条理由有自己的看法，双方从争吵、新闻战最后到刀兵相见。

那么多国部队（主要是西方各国）为什么又积极参与海湾战争呢？是为了充当国际警察，救科威特人民于水深火热？也许美国等西方国家希望从海湾战争中树立起“世界警察”的形象，但根本出发点绝不在这里，正如美国曾经的总统尼克松所言：“美国出兵海湾战争，既不是为了民主，也不是为了自由，而是为了石油。”海湾国家当时生产的石油90%供出口，主要销往西欧、美国和日本，其中美国进口石油的26.9%、西欧进口石油的51.9%、日本进口石油的64.6%来自海湾。海湾地区由于拥有丰富的石油，就成为世界能源矛盾的焦点，海湾石油成为国际政治斗争的工具，海湾战争是西方国家争夺石油和霸权的必然产物。

青少年朋友，以上用如此多的笔墨来介绍海湾战争，是为了向大家说明，不可再生资源已成为当今国际社会所广泛关注和激烈争夺的焦点，它是人类社会发展的重要物质基础。它之所以如此重要，之所以引起争夺，便是由于它的不可再生性。

（一）元素丰度

在了解矿物原料和化石燃料前，我们必须先了解元素及其丰度的概念。存在于宇宙中的元素（据目前所知）共有 118 种——从氢到铀都在地球上发现。让人更惊奇的是，这些化学元素存在于各种地质体中，例如，不少的岩石都

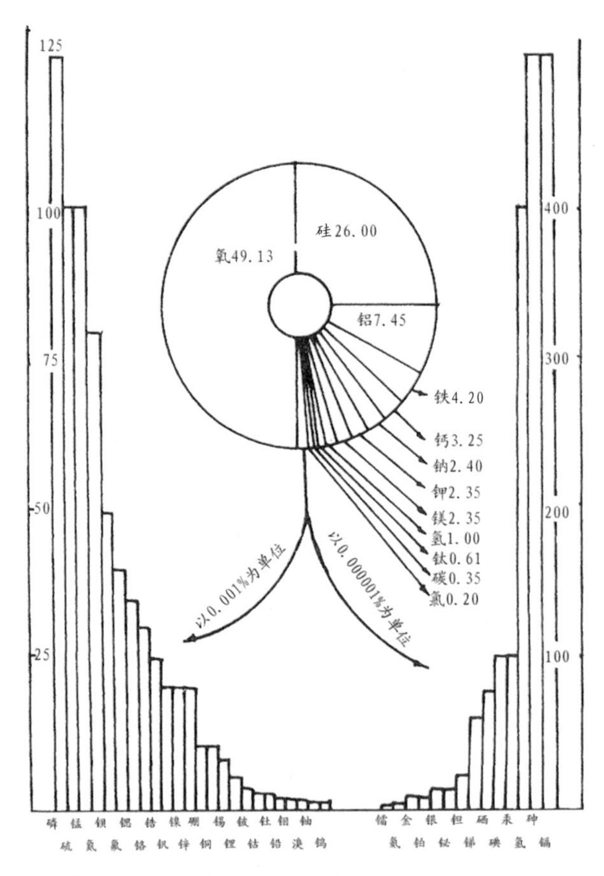

氧…49.13　硅…26.00　铝…7.45　铁…4.20
钙…3.25　钠…2.40　钾…2.35　镁…2.35
氢…1.00　钛…0.61　碳…0.35　氯…0.20
磷…0.12　硫…0.10　锰…0.10　其他…0.39

图 1　元素在地壳中的分布

含有金和铂，不少的矿物都含有铜、铁、铀。

如此来看，我们是不是应该感到欣慰和乐观了，还谈什么资源匮乏、资源危机？然而，当我们引入丰度这个概念后，就不能那么盲目乐观了。地壳，即我们人类可以接触到的地球部分——是由十几种数量丰富的化学元素（我们称其为主要元素）组成的。主要元素包括氧、硅、铝、铁、钙、钠、钾、镁等，其他则是次要元素，包括铜、锌、锡、钼、钨等。见图 1 元素在地壳中的分布。

虽然地壳物质分布不是均匀的，其内部元素丰度也有一定变化，但在绝大部分地方元素是平均分布的，即使是主要元素和次要元素的区分值也相差不大。按照图 1 中的平均丰度，我们要开采、提炼出自然金、银、铂、镍等贵金属资源，那是一种天方夜谭。

（二）矿床

但是，在地壳中又确实存在着违背丰度分布准则的现象。一些得天独厚的地方富集了某些元素，这就好像大自然为了方便我们的开发，通过微妙的自然过程将有利于人类的这些物质聚集到一起，等待着我们去开发一样。各种物质天然的富集过程是非常重要的。正因此，镍元素在地壳中的平均丰度为 80ppm（即每吨矿石含镍 80 克），但在新喀里多尼亚却能以红土型镍矿（镍品位4%～5%）的形式得到开采。在那里，富集系数为600。得到开采的铬矿床，富集系数更高，达4000。其他十分稀缺的元素如金或铂，当富集系数超过300时便可以进行开采了。

矿床是指可开采有用矿物的富集体。矿床是深藏于地下的“聚宝盆”“金娃娃”。在地球46亿年历史中相继发生的各种地质运动和作用中，有些作用就是将化学元素富集在一起从而形成矿床。

矿床不是随意分布的，而是受一些地质规律制约的。寻找矿床并搞清其形成和分布规律是一门非常重要且十分复杂的学问。

（三）矿石

矿石是指在现有的技术和经济条件下，能够从中提取有用组分（元素、化合物或矿物）的自然矿物聚集体（如图2）。过去，矿石的概念只限于金属矿石，但现在非金属矿床已被大量发现，因而，矿石的概念也相应地扩大，包括了非金属矿石。

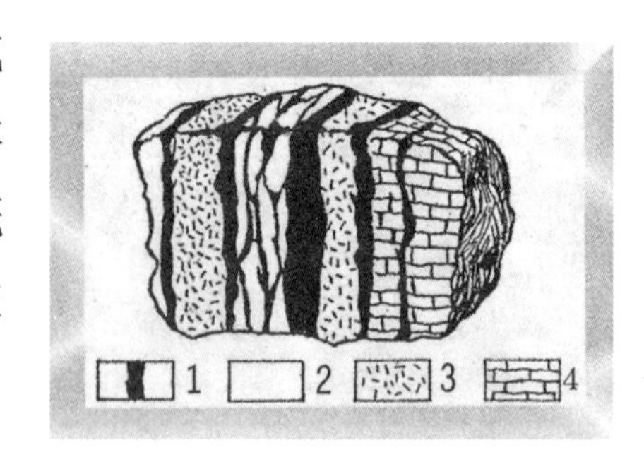

图2　矿石与脉石

1. 黄铜矿；　2. 石英；
3. 黄铁矿；　4. 矿脉边部的岩石

（四）矿产

矿产是泛指一切埋藏在地下（或分布于地表）可供人类利用的天然矿物资源。矿产的范畴一般有以下三类：①可以从中提取金属元素的金属矿产，如铁矿、铜矿、铅矿、锌矿等；②可以从中提取非金属原料或直接利用的非金属矿产，如硫铁矿、磷块岩、金刚石、石灰岩等；③可以作为燃料的可燃性有机矿产，如煤、油页岩、石油、天然气等。目前，含矿热水、惰性气体、二氧化碳气体以及海底矿物资源等非传统（非常规）矿产资源的认知、发现、开发和利用，进一步扩大了矿产的范畴。

（五）若干重要矿产介绍

金属矿产是能供工业提取某种金属元素的矿物资源。根据工业用途及金属元素性质的不同，分为：①黑色金属矿产，如铁、锰、铬、钒等；②有色金属矿产，如铜、铅、锌、锡、铋、锑、

图3 内蒙古白云鄂博铁、稀土矿

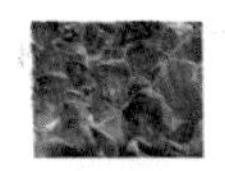

汞、镍、钴、钨、钼等；③轻金属矿产，如铝、镁等；④贵金属矿产，如金、银、铂等；⑤放射性金属矿产，如铀、钍等；⑥稀有及分散元素矿产，如锂、铍、铌、钽、稀土、锗、镓、铟、镉等。

（六）铁矿

铁矿床是最重要的工业原料之一，铁是地壳中金属含量居第二的普通的金属。它最容易获得并且用途最广。

铁易与氧、硫、硫酸盐、碳酸盐、硅酸盐及其他离子化合形成另一种矿物。铁的氧化物，尤其是赤铁矿（Fe_2O_3）和磁铁矿（Fe_3O_4）都富含铁，而且最容易加工使之释放出铁来。它们的成因多种多样，有的证据说明，多数赤铁矿矿床是在海水中沉积产生的，也有一些是由热液形成的，或是大型水盆地中风化和胶体沉淀形成的。磁铁矿与赤铁矿相反，主要是由于岩浆冷却形成的。瑞典的基鲁纳矿床就是一个巨大的磁铁矿床。

（七）铝矿

多年以前，铝只是实验室内的珍品，原因是从含铝矿石中提炼金属铝很困难，需要用足够的能量才能破坏氧化物和硅酸盐中的氧－铝化学键。1886 年，年仅 22 岁的查

尔斯·马丁·霍尔 (Charles Martin Hall) 发明了从铝矿石中提取铝的电解法。这个方法是在电炉内掺入其他能降低熔点的化学药品（叫作助熔剂）以熔化铝，因而使铝成为能大量生产、价钱便宜的金属。

铝矾土是铝的矿石。它由一定量的氧化铝和氢氧化铝组成，常被看成是岩石或土壤，形成于潮湿的热带气候条件下。在那里，氧化硅被从地面的岩石中淋溶掉。氧化铁和氧化铝较难溶解，成为残积物被留了下来，称为砖红土，因此铝矾土就是铝砖红土。虽然在地壳中铝是非常丰富的，但铝矾土是这种金属主要的矿石。世界上铝矾土丰富的国家有牙买加、圭亚那、委内瑞拉、苏里南、法国、匈牙利和俄罗斯等。

（八）铅矿和锌矿

铅矿与锌矿产出的条件相同，常在一起开采。铅和锌形成许多矿物，其中主要的矿石是方铅矿（铅的硫化物）和闪锌矿（锌的硫化物）。这些矿物被认为是从岩浆活动所带来的水溶液中沉淀出来的。当岩浆在深部冷却时，形成地壳内的火成岩，例如花岗岩。但是，许多挥发物质到最后会形成液体。这些物质流入岩石中的裂隙里，最终在裂隙中沉淀形成矿物。这种热液矿床包括许多重要矿石，如铅、锌、铜的硫化物和其他硫化物，还有金、银和其他矿物。

（九）铜

图 4　江西德兴铜矿

铜是人类利用的第一种金属，现已有 1 万多年的历史了。人类利用铜创造了灿烂的青铜时代及其文化。绝大多数重要铜矿床是由其硫化物和氧化物组成。大部分铜矿产于由火成岩侵入体所形成的岩体之中。这种岩体是与花岗岩十分相似的二长斑岩。在这些岩体中，铜只占 1%或少于 1%。目前，富矿已经大量减少，但通过技术改进，人类已有能力开采日益贫化的矿床。其实大量矿石都是从地壳较深处开采的。在美国，犹他州、内华达州、蒙

图 5　甘肃白银厂铜矿

大拿州、亚利桑那州和新墨西哥州，生产供应其国内用铜的大部分。智利、赞比亚也蕴藏许多铜矿。

大量的金属矿藏已被开采和应用于我们的工业领域，如锡、钨、镍、金、银、汞、铂、铍、钒等。还有许多元素，包括稀土元素及其矿藏，这里不一一介绍了。

图 6 湖南东坡多金属矿

图 7 山东招远金矿

（十）非金属矿产

非金属矿产是指能供工业上提取某种非金属元素，或直接利用矿物或矿物集合体的某种工艺性质的矿物资源。根据工业用途一般分为：①冶金辅助原料类：如萤石、菱镁矿和耐火黏土等；②化工原料及化肥原料类：如磷灰石、黄铁矿、钾盐等；③

图 8 云南昆明磷矿

工业制造矿物原料类：如石墨、金刚石、云母、石棉等；④压电及光学矿物原料类：如压电水晶、光学石英、冰洲石等；⑤陶瓷及玻璃原料类：如长石、石英砂、高岭土等；⑥建筑材料及水泥原料类：如砂石、珍珠岩、花岗岩、石墨、石灰岩、石膏等；⑦工艺美术及宝石类：如玛瑙、绿松石、叶蜡石、硬玉等。此外，还有铸石材料、研磨材料等。

图 9　青海盐湖

图 10　赣西蒙山地区硅灰石矿

图 11　金伯利岩中的曲面菱形十二面体金刚石（辽宁）——“钻石”

（十一）宝石

凡矿物颜色鲜艳美观，折光率高，光泽强，透明度好，硬度高（根据莫氏硬度级，一般在

图 12　新生代玄武岩中的刚玉晶体（中国山东）——蓝宝石

图 13　产于方解石脉中的祖母绿（哥伦比亚）

图 14　紫水晶

5 以上），化学性质稳定，都可称作宝石。狭义的宝石，专指金刚石、翡翠、红宝石、蓝宝石等；广义的宝石，还包括各种玉雕石料，甚至彩石石料。我国的宝石玉雕工艺品，驰名中外，畅销国际市场，被誉为“东方工艺”。它体现出我国劳动人民高超的艺术水平和无穷的智慧，是重要的出口商品之一。

（十二）矿物燃料

石油、天然气和煤这三种燃料是从地下深处开采出来的矿物燃料，也叫化石燃料，也是不可再生资源。之所以叫化石燃料，是因为这类燃料是地壳内动植物的遗体，经过漫长的地质时代蒸馏的结果。也许有些爱动脑筋的朋友会问化石怎么会燃烧呢？其实这是能量转换的过程。储藏在矿物燃料中的化学能来源于光合作用，光合作用又是日光辐射能向其他能转化的过程。植物在不同阶段吸收的太阳能，被固定在动植物的遗骸内，而在燃烧石油和煤时，这种能量就被重新释放出来。

（十三）石油

石油是目前世界上最重要的一种能源。汽油、煤油和天然气等石油衍生物及其非能源的产品如沥青和许多石油

化工产品的使用，从19世纪起就有了惊人的增长。石油工业是世界上最大的工业之一，有相当的工业部门以多种方式同石油和石油产品的生产、运输、市场贸易以及使用联系在一起。利用石油制造的各种产品繁多，有二千余种，许多日常用品，如人们穿的某些特殊衣服，都是用石油产品制造出来的。由于石油在现代社会中的广泛使用，其需求量大幅度增加，已成为人类生活中的一种十分重要的物质，同时也是地球科学研究的重要对象。

图15　1990年11月8日松辽盆地南部伏龙泉构造中高点油气层井喷情况

石油含有天然气、原油和一部分蜡质或固体半固体沥青物质。石油的流体部分，包括从几乎无色的轻质油至含有大量沥青物质的黑色重油。石油中各种物质98%以上由碳氢化合物组成，含有较少量的其他有机化合物和微量元素，其中微量元素主要是金属元素。其他有机化合物含有氢、碳、氮、氧和硫等元素。微量元素包

括二十多种金属，以镍和钒元素为主。

当1859年美国人德雷克（Edwin L. Drake）在宾夕法尼亚州泰特斯维尔（Titusville）附近钻出第一口石油井时，石油还没有多少实际的用处。在那之前，少量自然渗出的油主要是用来加热物体和点灯。后来，人们学会打井从地下提取石油（即天然状态的流体石油），那时寻找石油主要是为了制成煤油，用以燃烧照明，取代早先使用的鲸油。在这些少量产品中，也有石蜡和润滑油。进入20世纪后，随着内燃机的发明，需要使用汽油作燃料去发动汽车引擎，汽油便慢慢成为从原油中提炼的一种最重要的物质。

由于需求的不断增加，汽油在数量上成为石油的十分重要的产品，原油的成分将近有45%被炼成汽油，其余的大部分和全部的天然气也都用作其他燃料。天然气和石油中较轻的液态部分（即液化石油气）主要被用于燃烧加热。那些轻汽油可用作喷气机的

图16　6000米高的油气普查钻探施工现场

燃料；粗柴油可用于柴油机、屋内火炉的燃料以及在一些工业中使用；重油用于轮船、内燃机车和重工业方面；剩下10%的天然石油被用于制作润滑油、石蜡、沥青、焦油、石油化工产品和其他一些石油产品。近几十年来，石油化工业成为了重要的部门，生产出了大量的种类繁多的商品。

在绝大多数地质年代的各种不同条件下的岩层中，都能找到石油。人们对石油产状进行仔细研究，发现石油生成的许多特有条件，包括石油成因的无机学说，而这些特有的条件则可作为勘探石油的重要依据。

石油的产出遍及全球，世界各洲几乎都在开采石油。然而石油不是均匀分布的。世界上的石油主要产生在两大油带中。一个是科迪勒拉区，北起于阿拉斯加到加拿大，经过美国的西海岸海湾区至委内瑞拉，再到南美洲广大区域直至阿根廷。另一个油带是特提斯区，它自西向东延伸，从地中海经过中东至印度尼西亚。这两大石油带位于世界两个最大的地槽区。地槽是巨大的海槽，长度在几百至数千千米。地槽的周围是上升区。有的地槽包含一个外带，其地层是由沉积物和火山堆积物组成，厚度可达一万五千多米；地槽的内带由较薄的沉积岩组成，没有火山喷出物。还有一些较薄的沉积层叫大陆架沉积，厚度不过几百米，位于大陆和地槽内带沉积的边缘。大多数的石油埋藏在大陆架和地槽内带地区。当然，在其他地区也有丰富的石油沉积，但主要产生在这两个巨大的地槽带中。

我国也是世界上的重要产油国之一，按李四光先生的理论，中国石油主要分布在新华夏系四个沉降带中（如大庆油田）。

图 17　1952 年周恩来总理会见著名地质学家李四光先生

图 18　黑龙江省大庆市，大庆油田作业中

（十四）天然气

上面关于石油的介绍，许多问题和天然气同样有密切的关系。石油、天然气的成因和产生过程基本一致，两者也有可能是同时生成的，所以产状十分相似，但也不完全相同。有时，当油气生成后，在一个时期内，气体部分运移到了另一个地方，油气就分了家。因此，会产生一种现象：只找到石油，没有发现天然气；或者是只发现天然气而不见石油。不过储集天然气的构造和储集石油的构造是基本相同的。

近年来，大量新发现和新开采利用的页岩气，则赋存于泥页岩的孔隙和微裂隙中，其生成和储存的空间基本一致，没有明显的运移情况。

天然气由一些较轻的碳氢化合物组成。这些碳氢化合物中，最常见的是甲烷（主要成分）、丙烷、乙烷和丁烷。天然气能在空气中燃烧，在燃烧过程中，碳氢化合物分子分裂成单独的碳和氢的原子，这些原子在空气中遇氧结合组成二氧化碳（CO_2）和水（H_2O），整个分裂和氧化过程都会释放热量。

（十五）煤

煤是很早就为人们所熟知的一种能源。最初使用煤的记录已无从查考，但人们最早用煤无疑是一种偶然的情况。早在公元9世纪，英格兰东北部的居民已开始使用煤，由于煤块是人们在海岸发现的，因此当时称它为“海煤”，英文名“Coal”这个名词来源于古老的盎格鲁撒克逊语——“col”，大概的意思是发光的或是燃烧的石头。几百年以来，欧洲许多地方一直把煤当作家庭取暖和做饭的燃料。1719年，当英国人约翰斯特雷奇向学会写了一份关于煤层的报告后，煤的地质产状才被引起注意。1740年，在美国弗吉尼亚州，煤第一次得到开采。著名的地层学家、第一张地质图的著作人威廉·史密斯早期就是英国的一个煤矿测量员，并参加萨默塞特（Somerset）煤渠的建设。

煤是世界上最重要的能源之一。青少年朋友们可能都见过天然煤，也许你们会纳闷，看似石块的煤怎么会燃烧呢？但当你了解了煤的形成后就会觉得很自然了。煤是由曾经活着的植物群的有机体经过化学和物理作用形成的。人类最早利用日光作为原始的能源，后来改用木材，再后来才有煤的应用。无疑，在矿物燃料中，煤是最先广泛使用的一种重要能源。用石油和天然气代替煤只是为了达到减少环境污染的目的。今天世界上煤的用量比以往任何时候都要多。1997年，我国能源的70%是从煤中得来的，就算现在，我们对煤依然存在很大程度的依赖，据业内人

士透露，我们到 2020 年才能将煤炭在一次能源消费结构中的比重降至 60%。就算是工业水平很高的美国，也有 1/8 左右的工业耗能是靠煤来供给的。由于煤对环境的影响，其他能源的利用正在增长，虽然如此，全世界煤的使用和生产也不会立即叫停。

煤的大量利用也造成了很多负面影响，如大气污染、全球气候变暖、采空区地面坍塌、瓦斯泄露和井下透水造成的各种矿难等。所以，开发各种新能源，减少煤炭的用量或者优化煤炭本身的清洁利用等已经引起人们极大的关注。

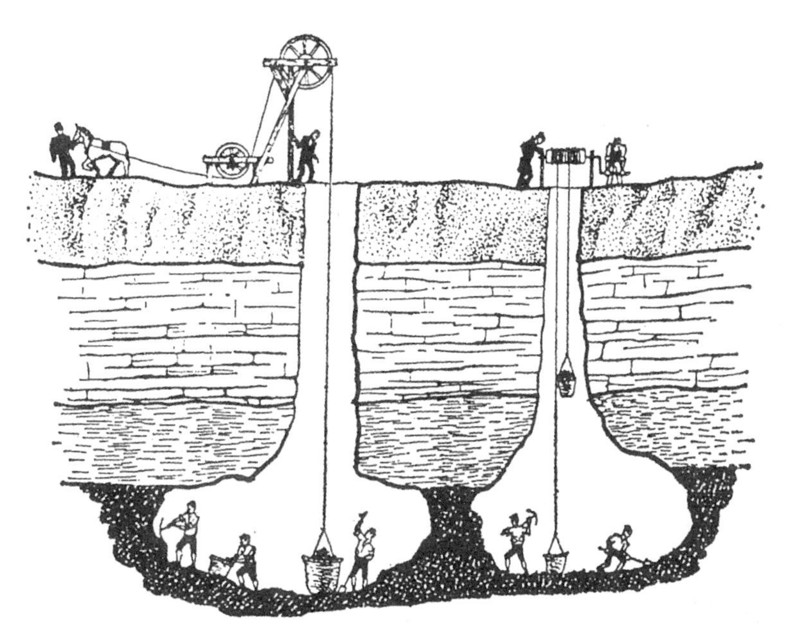

图 19　18 世纪欧洲人的采煤方法

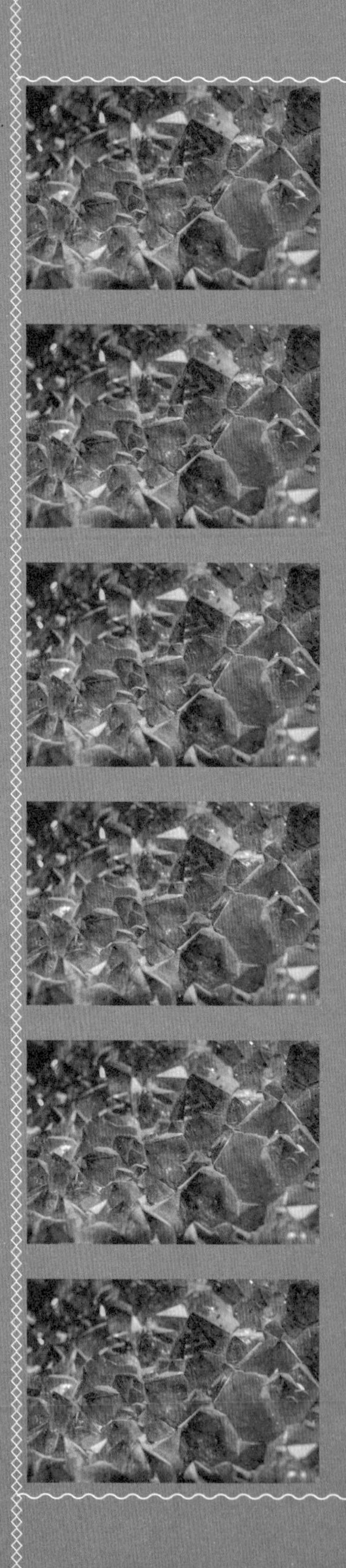

二、打开地球之窗的钥匙

在神话小说《封神演义》里有一个具有非凡能力的将军，他先后在前额上方和手掌心长出眼睛，并可透视地层以发现敌人在地底下的活动情况。《封神演义》以其丰富的想象力，反映了古代人类对了解地下的渴望。现代社会，科学技术的迅猛发展使人们的美好愿望变成了现实。

地质学家根据地质科学理论知识和实践经验，借助各种高新技术手段，终于掌握了打开地球之窗的钥匙，并从地下几千米深处找到各种宝藏——各种矿产资源、化石燃料以及许多关于地球演化的珍贵信息。

第一把钥匙：找矿线索——告诉我们在什么地方找寻地下宝藏。

（一）找矿线索

矿产多数埋藏在地下，它的贮存与分布状况十分复杂，人们常常不能直接观察到它。所以，要找到它、探到它，还必须通过细致的调查研究。通过地表看到的某些线索，加以去伪存真、由表及里的研究，从而构成判断，这就可以逐步认识地下的矿产资源情况。找矿线索就是指示找矿的某些现象，俗称“矿苗子”，地质上称为找矿标志。找矿线索可分为直接的和间接的两种。从形成的时间上看，

有些是在矿产形成过程中生成的，有些则是在矿产形成之后形成的。

自然界的地质现象是复杂的，但都是有规律并可以认识的。那么，究竟哪些是找矿线索？怎样辨别找矿线索？不同的矿产又具有怎样的找矿线索呢？我们知道，任何一种矿产的形成都一定与某种或某几种岩石有关。因此，岩石的性质就是一种重要的找矿线索。

1. 原生矿产露头、油气苗、矿泉

图 20　宁夏汝箕沟煤田煤层燃烧露头

原生矿产露头，是指直接露出地表，未经过风化，或者是经过轻微风化的金属及非金属矿体。它在地下生成之后，经过长期的风化侵蚀作用，将覆盖在上面的岩石剥掉而露出地表。这是最明显、最直接的找矿线索。

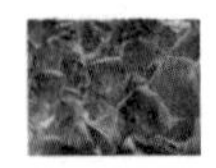

2. 有用矿物的原生分散晕

我们知道某些矿床，如钛磁铁矿、铬铁矿和硫化镍矿等，都是由于岩浆岩中所含有用矿物在一定条件下集中（富集）而成的。而未经集中，仍处分散状态的有用矿物，则呈星点状分散在岩石之中，这种现象称为有用矿物的原生分散晕。它的特点是，在大多数的情况下，分布范围较大，而且越接近矿体其浓度越大，这是一种很好的直接找矿标志。特别是对找盲矿（矿在地下，地表看不到）来说意义很大。比如，若在超基性岩或基性岩中，发现有分散的磁铁矿或其他有用矿物的分散晕时，就可能找到有工业价值的矿床；其他矿产也是这样，如锡矿，在其周围的石英岩中有锡石的分散晕；辉钼矿周围的花岗岩中就有星点的辉钼矿；铜、铅、锌等也是这样。

3. 铁帽

露出在地表的某些硫化物矿体，经过长期的风化作用后，许多物质被水带走。留下来的物质，主要是由褐铁矿组成的红色、褐色的松散状或土状覆盖物，它好像一顶帽子那样盖在矿体上面，所以称它为铁帽。如果铁帽本身含铁很高，也可作为铁矿开采。一般情况下，它是寻找铜、铅、锌等多金属矿产的好线索。

4. 转石与重砂

矿石经过风化后，形成碎块，分布在矿体的附近，或者经过滚动和流水的搬运，分散在山坡、山脚下，或河沟里，被称为转石，是一种很好的找矿线索。

矿石或岩石的碎块，在水流搬运过程中，由于相互的撞击或摩擦，会变得更细，其中坚硬的、物理化学性质稳定的一些有用矿物，由于水流速度变缓，在适当的地方沉淀下来。这种沉淀下来的矿物称为重砂，或称重砂矿物。比如铬铁矿、磁铁矿、黑钨、锡石等。这些重砂矿物是寻找原生矿产的重要线索，同时，它们本身有时也会形成很有价值的砂矿。

5. 石头或土壤的颜色

不少金属矿物经过风化作用后，会产生另一些新的矿物，呈现出各种不同的颜色。比如黄铜矿在变化后可形成翠绿色或绿色的孔雀石或蓝铜矿，这种矿物像薄膜一样附在石头的表面或裂缝里；方铅矿变化后会形成白铅矿或铅矾；还有一些矿物变化后成土状或粉末状的东西，如锰矿和钴矿风化后成黑色的锰土矿和桃红色的钴土矿（钴体）；等等。这些都是很重要的找矿线索。

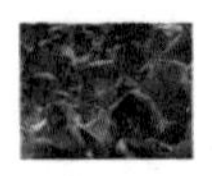

野外常见矿物变化后的颜色

原生矿物	变化后的颜色
黄铜矿	绿色、蓝色、翠绿色（孔雀石、蓝铜矿）
铁矿	赤红色、红色、褐色（褐铁矿）
方铅矿	黄色、绿色、白色等（白铅矿、铅矾）
镍矿	蓝色、蓝绿色（镍体）
锰矿	黑色、褐色（锰体）
钴矿	桃红色、淡红色（钴体）
铀矿	鲜绿色（铜铀云母、钙铀云母）

6. 物质的次生扩散现象

自然界有许多有用物质被水溶解并搬运分散在附近的岩石裂缝里、土壤里或地下水中，这就是有用物质的次生扩散现象，地质上叫作原生矿床的次生分散晕。这也是一种找矿线索。

有用矿物的次生扩散现象，要注意在泉中观察。有些泉水有味道，有的还带有某些颜色。比如，江西等地的大盐矿就是根据泉水和井水中有咸味找到的；在黄铁矿大量产出的地方，周围的积水常带蓝绿色，有硫黄臭味，这种水流过的地方植物也长不好；含有铜的水会带蓝色；含锰的水是褐色；含铅的水带白色；等等。根据这些颜色，可以进一步找到原生矿床。另外，与石油有关的一些气苗反应会在水面上留有一些油花。

7. 磁力异常

在找矿过程中，有时候会遇到一些磁力异常现象。比如，到一个地区，若发现手表走不准（或停走），指南针（或地质罗盘指针）失灵等，就说明这一带地下有磁性物质，它往往是由较大的磁铁矿引起的。因此，如果发现有磁力异常现象就有可能有磁铁矿存在。

自然界的地质条件是复杂的，各种矿产往往会有多种标志。因此在找矿过程中，需要综合考虑各种因素。

第二把钥匙：找矿方法和技术——可以告诉人们地下宝藏的准确位置。

（二）找矿方法和技术

1. 地质填图法

地质填图法是运用地质基本理论，全面系统地进行综合性的地质矿产调查和研究的方法，它可以查明工作区内的地层、岩石、构造与矿产的基本地质特征，研究成矿规律并利用各种信息进行找矿。它的工作过程是将地质特征填绘在比例尺相适应的地形图上，故称为地质填图法。因为该方法所反映的地质矿产内容全面系统，所以是最基本的找矿方法。无论在什么地质条件下，无论寻找什么矿产，都要进行地质填图。因此，地质填图是一项具有战略意义

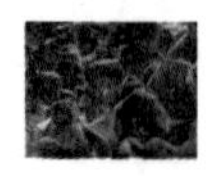

的地质勘探工作。地质填图的好坏直接关系到找矿工作的效果。1966年在澳大利亚卡姆尔达地区经过详细地质填图，发现了一个矿石储量在两千万吨以上的硫化镍矿床，平均品位为3.4%。该矿区原来是一个已有80年历史的老金矿区，1962年为进一步找金，在该区进行详细地质填图（比例尺1∶7200），通过地质填图，正确地确定了地层层序和构造。1964年有人从金矿老硐的废石堆中捡到一些褐铁矿样品，经分析含镍1%，实地勘查结果，发现一些小而孤立的铁帽露头，进一步填图工作发现这些褐铁矿露头，位于超基性岩体与其下面的变质玄武岩的接触带，而这个接触带长约20千米，呈一个穹窿状构造，褐铁矿层下面有浸染状含镍褐铁矿，因而推测深部可能有原生硫化物矿化。于是进行了激发极化电法测量、磁法测量和化学方法探测，发现许多激发极化异常和镍的化探异常，及时进行钻探。1966年打到了厚约3米的块状硫化物的镍矿体，含镍8.3%。以后在其周围又查明和发现了许多具有开采远景的镍矿体，含镍0.6%以上的矿石总储量约1亿吨。这在当时是一个轰动西方世界的事件。

2. 重砂找矿法

重砂法是一种具有悠久历史的找矿方法。远在公元前

2000年就有人用该方法淘取沙金。因为它方法简便，经济而有效，因此迄今仍为一种重要的找矿方法。它不但可应用于寻找矿石、矿物物理化学性质相对稳定的砂矿和原生矿（如自然金、自然铂、黑钨矿、白钨矿、锡石、辰砂、钛铁矿、金红石、铬铁矿、钽铁矿、铌铁矿、绿柱石、锆石、独居石、磷钇矿、贵金属和稀土等金属矿产，以及金刚石、刚玉、黄玉、磷灰石等非金属矿产），而且在原生矿床附近，还可用以寻找方铅矿、黄铜矿、辉钼矿和闪锌矿等硫化物矿床。可通过对人工重砂矿物的研究划分地层，对比岩体，研究矿床成因和成矿元素赋存状态，了解区域成矿特点，进行矿产预测。在矿产普查、矿床勘探和矿床研究中它都可应用，并能取得显著的效果。如1967年在某地通过比例尺1∶50000的水系重砂测量（采样点间距300米～500米），在河流的支流06号采样点发现自然金2粒，在12号采样点的重砂中发现自然金数粒之后，逆流而上进行追索，在小溪与支流汇合处的13号采样点发现自然金11粒，并见矿化石英转石。继续逆小溪追索，分别在14、16号采样点发现自然金的粒数增多、粒度增大，且含流失孔的石英转石更多。到小溪源头附近17号采样点重砂中自然金达20多粒，并见少量黄铜矿（局部变成了孔雀石）。经过上述追索工作，在该点附近的坡积、残积层下面找到

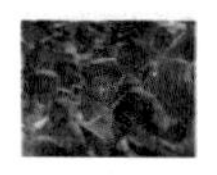

了原生金矿体，后经槽探、浅井、钻孔揭露，证实A、B两条含金石英脉是规模较大的工业金矿体。

3. 地球化学探矿方法

简称化探，是指系统地测量天然物质（如岩石、水、空气或生物）中的地球化学性质（如某些元素的微迹含量），发现与矿化或矿床有关的地球化学异常。化探方法可分为岩石地球化学测量、土壤地球化学测量、水系地球化学测量、水地地球化学测量、气体地球化学测量以及植物地球化学测量等等。化探方法可用于寻找贵金属、有色金属、稀有分散元素、放射性元素矿床及石油、天然气等。近年来同位素地球化学探矿、航空地球化学探矿以及海洋地球化学探矿等方法的研究又大大地丰富和发展了该学科。地球化学探矿是在近代地球化学与微迹分析技术的推动下发展起来的。该方法在

图 21　在南极进行磁化率测量

20世纪30年代首先由苏联与北欧国家（瑞典、挪威）应用。20世纪40年代中期至50年代才在全世界引起广泛的注意。我国于1952年开始成立这方面的工作机构。目前这种方法正处于迅速发展的阶段，已经取得了不少找矿实效。

4. 地球物理探矿方法

简称“物探”，即运用物理的原理研究地质构造和解决找矿勘探中有关问题的方法。它以各种岩石、矿石和地层的密度、磁性、电性、弹性、放射性等物理性质的差异为研究基础，用不同的物理方法和物探仪器，探测天然的或人工的地球物理场的变化，通过分析、研究所获得的物探资料，推断、解释地质构造和矿产分布情况。目前主要的物探方法有：重力勘探、磁法勘

图22 载有全套航测装备的Y12飞机正在进行穿越塔里木盆地的航磁飞行

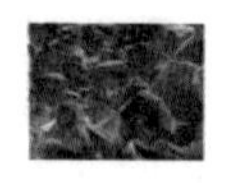

探、电法勘探、地震勘探、放射性物勘探等。依据工作空间的不同，又可分为：地面物探、航空物探、海洋物探、钻井物探等。在覆盖地区，它可以弥补普查勘探工程手段的不足，利于综合普查找矿和地质填图。遥感测探技术的发展，为地球物理勘探开辟了新的途径。近年来一些新的物探技术、方法应运而生，如地质雷达技术、核磁共振技术、层析成像技术、可视化技术等。

图 23 塔里木盆地“环弧成矿带”遥感地质影像

5. 遥感方法

用各种仪器，从高空或地面远距离地探查、测量或侦察地球上、大气中及其他星球上的各种事物及其变化情况，这种与目标不直接接触而获取有关目标信息的方法是由地理学家普鲁特（Evelyn Pruitt）首先提出的。遥感技术是20世纪60年代以来在航空摄影、航空地球物理测量等方法的基础上，综合应用空间科学、光学、电子学及计算机技术等最新成果而迅速发展起来的。现阶段的遥感技术仍以地球（包括大气圈）为主要研究对象，主要是利用各种

物体反射或发射电磁波的性能，由飞机、火箭、人造卫星、宇宙飞船等运载工具上的各种传感仪器，远距离接收或探测目标物的电磁波信息，从而获得多方面的情况和动态资料。由于这种方法具有覆盖面积大、获取情报速度快、受地面障碍限制小，并能在短时期内连续、反复地进行观测等优点，因而在探测自然资源、监视环境动态变化、气象观测、灾害预测、军事侦察等方面都有重要的应用价值和广阔的发展前景。

6. 矿床统计预测方法

谁都希望自己成为发现矿床的人，但有人成功了，有人却失之交臂，这里的区别就在于思维方法的差异。矿床统计预测方法是一种科学找矿的方法，包括以下四个方面的内容：

①理论找矿

这是针对过去长期进行的“经验”找矿和“技术”找矿而言的。在找矿难度日益增大的情况下，既不能单凭经验，也不能仅靠技术，而必须以先进的地质理论为指导，进行矿床勘查工作。

②综合找矿

包括综合手段、综合信息和综合矿种，特别要注意综合信息的间接找矿作用（查明地质体，追索地质界线的作用）。

③立体找矿

为了寻找隐伏矿床（体），必须查明矿化迹象在三维空间的变化，增加找矿的深度。

④定量找矿

通过建立各种数学模型预测和评价矿床，是矿床统计预测方法的三大组成部分之一。

⑤矿床预测的三大理论

相似类比理论是矿床预测的基础，它要求我们详细了解大量国内外已知各类矿床的成矿条件、矿床特征和找矿标志；求异理论是矿床预测的核心，它要求在相似类比的基础上注意发现不同层次或不同尺度水平、不同类型的地质异常；定量组合控矿理论是矿床预测的依据，它要求把握一切与矿床有成因联系的地质、物理化学和生物作用，掌握一切与成矿有关的因素及其表征。相似类比理论指导我们进行成矿环境的对比，从而在广泛的地壳范围内，选择最可能的成矿环境；或者在给定的地段内，根据其地质环境判断可能寻找和预测的矿产。求异理论指导人们进行成矿背景场的分析，从而使人们能够在确定的有利成矿环境或地段内进行预测靶区的选择。定量组合控矿理论指导

人们进行成矿概率大小和成矿优劣程度的分析，从而使人们能在确定的成矿远景区中评价和优选最可能成矿的地段或优选成矿的最佳地段。

（三）拨开迷雾的手

俗话说，“拨开迷雾见太阳”，找矿正是如此。各种矿藏埋在地下深处，要让它们得见天日必须拨开覆盖在它们头上的重重迷雾——地层。钥匙再神奇，还需要一双能拨开迷雾的巨手来掌握和运用。在今天，拨开天空中的迷雾和拨开矿藏头顶的迷雾都变成了现实，因为科学家们有一双拨开迷雾的巨手。

最先掌握金钥匙的是哪些科学家呢？达尔文、莱依尔、魏格纳、罗蒙诺索夫、李四光……我们可以列出很长一串响亮的名字。限于篇幅，这里就不做一一介绍了，仅介绍对地质科学发展起到巨大影响的人和事物。

最先探索这把钥匙的是我们智慧的祖先。

人类对于矿物原料的使用以及找矿勘探的实践活动，从远古时代就已经开始了。原始人类为了制造工具和武器，就开始了最原始的鉴别和找寻他们所需要的岩石和矿物的活动，并因此创造了新、旧石器时代。根据考古文物来看，1 万年前，人类就开始使用铜了，铜是人类使用的第一种

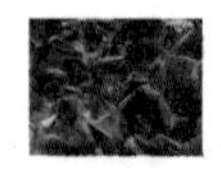

金属。远在公元前3000年以前，人类就已经利用金、银、铜、铁、锡、青铜、紫石英、天青石、玛瑙、碧玉、硬玉以及其他许多岩石来制造工具和饰品了。

（四）人类对石油的认识

人类对石油的认识和利用经历了漫长的历史。究竟人类最早在什么时候发现和利用石油，目前尚难考证。从考古中知道，使用沥青最古老的建筑物是印度河流域的一个澡堂，它建造于公元前4000年左右。据历史文物考证，在古巴比伦文明时期，苏美尔人曾经使用沥青进行雕刻。公元前26世纪之前，美索不达米亚的一些大教堂，是用砖和沥青建筑的。公元前5世纪，在古波斯帝国，已出现了手工挖掘的石油井。公元前5世纪至公元前1世纪，在高加索山脚下、里海沿岸等许多地方都发现了油气苗。

欧洲和美洲其他国家早期关于石油和天然气的资料不多。欧洲中世纪的书中仅有一些零星记载。公元11世纪—13世纪，意大利北部摩德纳的圣凯瑟琳发现石油，德国巴伐利亚修道院中的圣奎里纳斯石油和奥地利的蒂尔萨斯石油亦已发现。拉丁美洲几个世纪前也发现了石油。巴西人16世纪就使用石油了。美国最早在1627年发现油泉，1807年开始用天然气制盐。俄国的巴库地区早在2500年

前就有“巴库永恒之火”的故事，公元9世纪巴库和北高加索地区已有手工开发的商业油井，10世纪有石油出口。

中国是世界上较早发现天然气和石油的国家之一。有资料表明，最迟在秦汉时期，我国的陕西和四川已经发现了天然气。《汉书·地理志》有西河郡鸿门县“天封苑火井祠，火从地出”的记载。这说明，在今陕西省神木县西南、榆林县东北地区，很早就发现天然气。在“鸿门火井”出现前后，我国四川地区也发现了“火井”。西汉著名文学家扬雄（公元前53年—公元18年）在《蜀都赋》中，曾把“火井”的奇特景色与“龙湫”的壮丽画面相媲美，并把它和风光秀丽的名山并列。

关于我国石油的最早记载，首先见之于东汉历史学家班固（公元32年—公元92年）所著的《汉书》。北魏郦道元（?—公元527年）在地理名著《水经注》中做了更详细的记载：“高奴县有洧水，肥可燃。水上有肥，可接取用之。”肥即指石油。这说明至少在2000年前，我国人民就已经发现陕北一带的石油及其燃烧使用性。

我国古代对石油的深入认识在世界科学史上也是空前的。西晋人张华撰，在他于公元267年成书的《博物志》中，对古酒泉郡延寿县的石油，从形态、性质到用途，已做出了较详细、真实的描述：“酒泉延寿县南山出泉水……

水有肥，如肉汁，取著器中，始黄后黑，如凝膏，燃极明，与膏无异，膏车及水碓缸甚佳，彼方人谓之石漆。”

到唐代，对石油的记载就更具体了。如段成式（公元803年—公元863年）著《酉阳杂俎》中说：“石漆，高奴县石脂水，水腻，浮水上如漆，采以膏车及燃灯，极明。”

在我国古代历史上，石油的名称是随着人们对它的认识逐渐深化而不断演变的。最早把石油看成是一种可燃之水或“水肥”，后称为“石漆”。隋、唐时期，称为“石脂水”。北宋时期称石油或提炼后的石油产品为“石脑油”。宋代著名的科学家沈括（公元1031年—公元1095年）提出了“石油”这一名称。1080年，宋神宗派沈括担任陕西一带的地方官，他在任期间，曾对延长一带的石油做过考察，并采集原油烧炭黑，用炭黑制墨，对石油的产状、性能、用途做了详细研究，提出了石油“生于水际沙石，生于地中无穷”等科学论断。自沈括命名“石油”之后，这一名称一直沿用至今。

我国也是应用石油最早的国家之一。大约在距今2000多年之前，我国西北地区人民就把水上石油收集起来，盛入容器，用以点灯照明。唐、宋以来，陕北人民已用固态石油做蜡烛。到元、明时期，陕北人民已开始对原油先煎（加热处理）去水分及其他挥发成分后再用其照明。四川

则有人以竹筒贮而燃之，一筒可行数里。据资料记载，我国古代还把石油用来润滑、防腐、制墨。把石油用于医药，在我国已有1300多年的历史。把石油用于战争，始于三国时期，到了北宋，已把石油用于火攻。

人类大规模开发和利用石油开始于近代。在社会需要的刺激下，在近代科学技术和工业发展的推动下，1859年，美国宾夕法尼亚的德雷克油井揭开了人类大规模开发和利用石油的序幕。

魏格纳与大陆漂移说及板块构造说

1910年的一天，德国年轻的气象学家艾尔弗雷德·魏格纳躺在病床上，目光注视着墙上的一幅世界地图。他意外地发现，地图上大西洋两岸轮廓是如此相吻合！这一启示，使他产生了一个闪念：非洲大陆与南美洲大陆、欧洲大陆与北美大陆是不是曾经连在一起？这就是著名大陆漂移假说的最初思想。

1911年秋，在一个偶然的机会里，魏格纳又从一本论文集中看到了“根据古生物的证据，巴西与非洲间曾经有过陆地相连接”的论述。于是他便在大地测量学与古生物学的范围内研究，并得出了重要的“大陆漂移”的肯定论证。

由于这一假想如此偶然，如此富于幻想离奇色彩，使得当时许多地质学家都目瞪口呆，直至今日仍有人称这一遐想为“一个大诗人的梦”。为此，魏格纳也获得了“地质浪漫诗人”的称号。

1915年，魏格纳写成了《海陆的起源》一书。在书中，魏格纳认真研究了以往人类有关“大陆漂移”的思想，分析、总结了当时有关地球科学的几种主要假说及其存在的主要问题，并在这一基础上，潜心研究，旁征博引，从地质学、地球物理学、古气候学、大地测量学等方面，较全面地做了论证，为我们描画出了一幅古代大陆漂移的景象：在3亿年前的古生代后期，全球只有一块广袤的大陆，称为泛大陆，泛大陆周围是广阔的泛大洋。大约在2亿年前，泛大陆才开始分裂、漂移，有的大陆就漂移了好几千米（原在南极附近），结果成了目前的样子：泛大陆被分裂为几块大陆和许多岛屿，于是把泛大洋分割为4大洋和一些小海。

大陆漂移假说的提出，为地球科学革命鸣响了重要的前奏，为找矿地质学的发展开辟了新的领域。大陆漂移理论经过数十年的沉淀，于20世纪50年代，以其顽强的生命力，又东山再起。海洋研究的发展，不断证明大陆漂移的可能。首先是古地磁研究的事实，

支持了大陆漂移理论，终于导致了全球活动观的形成。1969年板块构造学说产生了。从大陆漂移学说到板块构造学说，是近代地质学理论发展具有划时代意义的变革，被人们称为“20世纪地球科学的重大革命”。

从大陆漂移说到板块构造学说的产生，是自然科学和地质科学发展的必然趋势。它是当时地质理论新旧思想碰撞的结果，是对传统地质理论继承和创新的结合，也是以魏格纳为代表的一代地质学家解放思想、勇于探索、敢于创新的成果。

板块构造学说发展到20世纪80年代，已为大多数地质学家所接受，并用它来解释错综复杂的地质现象，为寻找各种地质矿藏打开了新的领域。它帮助地质学家以全球视野，认识矿产资源的形成机制，分析构造的演化，探讨地球资源分布的规律。如在研究石油的生成和聚集时，热动力条件是非常重要的一环。热成熟度对有机物转化所起的作用，已日益引起人们的重视。板块构造学说，是地热史研究的一个有利条件，对评价含油气盆地和掌握油气不同程度的分布规律，有重要价值。板块构造学说提供了寻找各个时代板块边界的条件，这为勘探提供了崭新的思路和广阔的新领域。

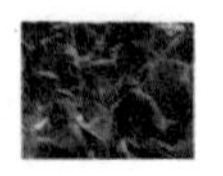

（五）找矿漫话

1. 找矿贵在创新

地质学每迈进一步，都受到经典权威理论和思维习性不同程度的阻碍。地质学史上著名的“水成说”与“火成说”之争，“渐变论”与“灾变论”之辩，造成许多学术公案。“渐变论”走向极端，继而变为“均变论”；地壳“垂直”运动思想排斥“水平”运动观点，大陆漂移说一出世，即遭到传统势力的攻击，被打入冷宫。就是在现代地质勘探学发展过程中，这种情况也比比皆是。因此找矿贵在创新，而又难于创新。

地质学上长期以来把矿床分为两大类：一类叫外生矿床，一类叫内生矿床。这是经典成矿理论，长期以来为找矿工作做出了积极贡献，但是我们不能因此就把它们作为束缚我们头脑的精神羁绊，还要看到“非内非外”的矿床的可能存在。实际上，地壳演化过程中，由于内外条件互相作用，有些矿既有外生因素，又有内生因素。这就要敢于提出新的成矿模式。

比如花岗岩的形成，200 多年来存在两种激烈争论的观点：一种认为是从熔融体中结晶出来的，一种认为是其在固态状态时部分成分被溶液替换而成的。“非此即彼”，别无其他。实际上，也有亦此亦彼的成因者。

100多年以来，人们一直认为煤炭和油、气之间没有什么联系，二者在生成的时间上不同，“生母”不一，找煤找油，各有道路。但近年来，人们冲出这一传统理论后，在煤系地层中也打出了天然气。我国目前煤层气资源丰富，资源总量达到36.8万亿立方米，居世界第三位。

过去找油最忌“火”，认为“水”“火”不相容，火成岩不生油。但后来人们在火成岩中竟也发现了高产油层。

西方学者曾以海相成油论判定中国陆相地层不生油。而中国地质学家从实践中证明陆相地层同样有油。有些中国地质工作者从中国海相碳酸盐岩地质特点出发，形成了中国海相贫油的观点。有人曾说：“看先天，油源丰富，资源可观，油气藏众多，但破坏严重，油气逸散，找油渺茫，找气还有点希望。”青少年朋友们，你们说这样的论断不通过创新去改变行吗？

2. 找矿的“否定之否定”

普鲁德霍湾油田，是美国最大的油田，它的发现却经历了45年的曲折过程。其中，1954年—1955年间，曾钻井370口，探明18个构造，仅发现一个小油田和一个小气田。1958年又进行了大量的地质和物探工作。1963年又打了9口探井，仅发现一个小气藏。加之自然条件的恶

劣，大多数公司都撤走了。到 1967 年年底时，仅剩下最后一口探井。这口井竟成为 1968 年发现的那个大油田。为什么该油田迟迟没被发现，还差点失之交臂呢？主要是它的富集条件不同于一般规律。人们按照一般规律进行勘探，因而一再碰壁。

矿床的发现和勘查是一个十分复杂、曲折，有时还很漫长的过程。被称为 20 世纪 70 年代世界上最激动人心的矿床——澳大利亚奥林匹克坝 Cu-U-Au 超大型矿床的发现竟历时 20 年之久。从 1957 年西部矿业有限公司以“世界和澳大利亚范围内的大型铜矿均产于元古界地层或岩石中”的经验为指导开始了在元古界找铜工作。该公司采用了地质填图、寻找铜矿化地表标志的方法，进行水系和土壤地球化学取样以及地球物理调查等普查工作，在持续 20 年的时间里，不断地获取新的地质认识，修正原有的认识。如关于铜是在氧化作用过

图 24　新疆多拉纳沙衣金矿区 12 号探槽的一段

程中从玄武岩中淋滤出来的认识；关于剪切带差异运动效应产生独特的构造变形式样从而编制专门的线性构造图，在一些地区发现的磁性与重力异常可能是由隐伏于中生代沉积物之下的玄武岩引起的认识；以及注意到一些地区铜矿床具有重力和航磁高值的一致性的认识等。到1974年9月总结勘查钻孔的勘查战略有如下几点：①利用玄武岩蚀变模型优选潜在的有利地质环境；②利用区域重力和航磁测量结果解释地质环境的地球物理要素；③用线性构造分析来确定构造靶区；④依据所解释的有利特征与地质环境最大的一致性筛选地段。直到1974年12月，在安达穆卡图纸幅面上，有8个地球物理异常靶区中的4个靶区符合构造靶条件，因此，钻孔位置选择在奥林匹克坝和阿克罗波利斯坝，计划钻孔深度为700米。1975年6月RDD1号钻孔位置定在奥林匹克坝重力航磁——构造重叠靶区，发现了38米的岩心中含铜达1%，成矿带的岩石由石英、绢云母、赤铁矿、长石和辉铜矿等组成，岩石

图25　1990年新疆地矿局在哈顺戈壁腹地进行铜镍矿勘查

经历了强烈的热液蚀变和碎屑角砾状变形。但是在发现铜矿后，一年过去了，随着又打了8个钻孔，均未发现有经济价值的矿石或仅找到一些贫矿石。这样又花费了300万美元，从而使元古界铜矿勘查总费用达到了3000万美元，仅凭深信角砾状强蚀变岩石所具独特矿化作用的重要性，才维持了其勘查计划。最后于1976年11月终于在RDD10号钻孔中发现了具有经济价值的矿石，孔深529米，在截穿的170米处铜品位达2.1%，该区在以后的勘查工作中发现厚度大、高品位矿体仍产在RDD10钻孔的东北方向1000米外。这一重大发现整整历时20年。

3. 中国找油漫话

经过了多年的艰苦奋斗，中国早已经跻身于世界矿产大国和主要产油国的行列。在这段时间里中国的矿产事业竟有这么大的变化，成功的关键是什么？

图26 黑油山——克拉玛依

下面的几个小故事大概多少可以回答一些。

①“黑油山”的争论。20世纪50年

代中期，中国石油勘探的最大成果之一是新疆克拉玛依油田的发现。当时，这里有大量的露头，当地人民称为“黑油山”(是维吾尔语“黑油”的意思)。“黑油山”一带有沥青丘30多个，其中最大的一个高约30米，顶部宽广平缓，中间有一个圆坑，原油伴随着天然气不断渗出，在阳光照耀下反射出五彩光芒，即著名的“黑油山”。1955年10月，一号井打出工业油流，一位少数民族同志提议，改成民族地名，即叫“克拉玛依”。

图27　黑油山露头

当时，面对大量的地质露头，克拉玛依地区是否大面积含油？是否能找到有开采价值的油田？曾经经历了一场中外地质专家的大辩论，专家们从各自的经验出发，形成尖锐对立的见解。有的认为，既然地面露出这么大面积的原油，说明原先的石油已遭破坏，油气逸散，地下没有多少油藏了。另一种意见认为，地面露出这么多石油，说明这里油藏丰富，恰好正是这些露出的石油封闭着一个未被破坏的大油田。最后，根据苏联地质学家勒·依·乌瓦洛

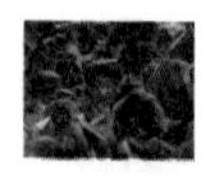

夫和中国地质师张恺等人建议，拟定了《黑油山地区深探钻总体设计》。1956 年，专家们决定将准噶尔盆地的勘探重点，由盆地南缘移到盆地西北缘，开展综合勘探。在这一部署的实施中，不断有新的探井喷出工业油流。1956 年，石油工业部负责人宣布，新疆准噶尔盆地的克拉玛依地区，已经证实是一个很有希望的大油田。克拉玛依油田的发现，是新中国成立后，石油地质勘探事业的第一个突破。

②大庆创造奇迹。20 世纪 50 年代末期，储量几十亿吨的大庆油田的发现，在地质理论上具有划时代的意义。它以无可辩驳的事实彻底扭转了半个世纪以来“陆相贫油”“中国贫油”的偏见。这一发现曾使当时一些持传统思维方式的地质学者惊呆了。他们虽然亲身经历了这个过程，但似乎总怀疑它的真实性。

③渤海湾的迷惑。渤海湾盆地在地质历史上，历经多次断块活动，地下情况极其复杂。20 世纪 60 年代初期开展地质勘探，有些探井虽打出原油，但得不到大面积的含油储量的油田。地质工作者把当时的油层分布状况归纳为“多、杂、散、乱、广”和“五忽”（即忽油忽水、忽上忽下、忽有忽无、忽厚忽薄、忽稀忽稠）等现象，这曾经使地质专家们迷惑不解，甚至失去信心，但仍有一批颇有

胆识的地质学家穷究其理。经过20多年的不懈努力，终于弄清了这个地质条件极其复杂的地区，是一个石油资源很丰富的地区，其丰富程度可与洛杉矶盆地媲美。

④任丘油田趣话。任丘油田是冀中地区的一个高产大油田，也是在古老的碳酸盐地层中发现的一个大型潜山油田。它的发现经历了一个不断探索、反复实践、艰苦奋斗的过程。按照当时中国地质学的经典理论，一般石油产在砂岩里，在古老的石灰岩里不可能有石油。从20世纪60年代初期以来，地质部、石油部都曾在这一地区钻井勘探，他们遇到古生代地层的石灰岩时，就提钻搬家。1975年，有个井队在钻入3153米深处的震旦系的石灰岩地层时，发现了发光的油屑。对这一现象，当时地质学家有两种意见：一种主张是，钻探目的层是第三系，测试上面的油算了；另一种意见是，再向深层打。经过多方论证，他们打破了传统观念的束缚，按第二方案继续打，结果，奇

图28 “海洋三号”综合地质调查船

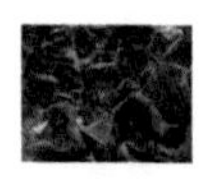

迹发生了，破天荒地在前人认为无油的古生代石灰岩中，喷出了高产油流。

到了 20 世纪 80 年代，西北地区对逆掩断层带含油远景的研究有了突破，使准噶尔盆地、柴达木盆地等地油气勘探别开生面。在原先无法用常规解释的地方，发现了一个又一个新油田。在天山、昆仑山等地，原先认为不属找油范围的地区，也展示了很好的石油天然气远景。20 世纪 90 年代，中国对塔里木盆地大规模的石油勘探已取得成果。

图 29　勘探二号在东海平湖一井定位插桩后全景

1927年美国地质学家曾经预言，中国的石油资源充其量也不过是美国石油储量的1%。而今，中国的油气资源已经能与美国相提并论了：根据美国《油气杂志》在2015年发布的数据，当年中国石油产量是2.15亿吨，排名全球第4，美国石油产量为4.69亿吨，排名全球第3；中国石油探明储量34.3亿吨，排名全球第14，美国石油探明储量为54.4亿吨，排名全球第10；中国天然气探明储量是49421亿立方米，排名全球第10，美国天然气探明储量是104343亿立方米，排名全球第4。

图30　我国自制的第一个钻井平台——勘探三号下水

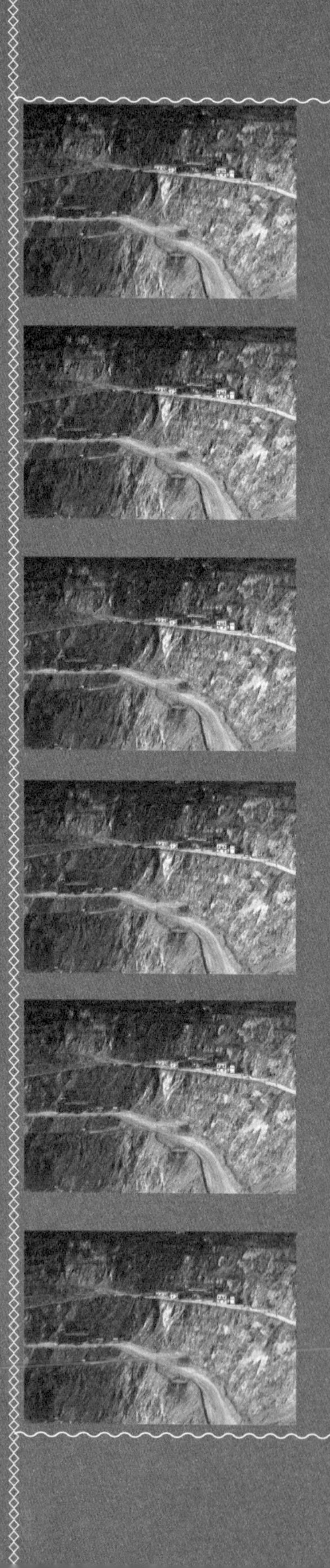

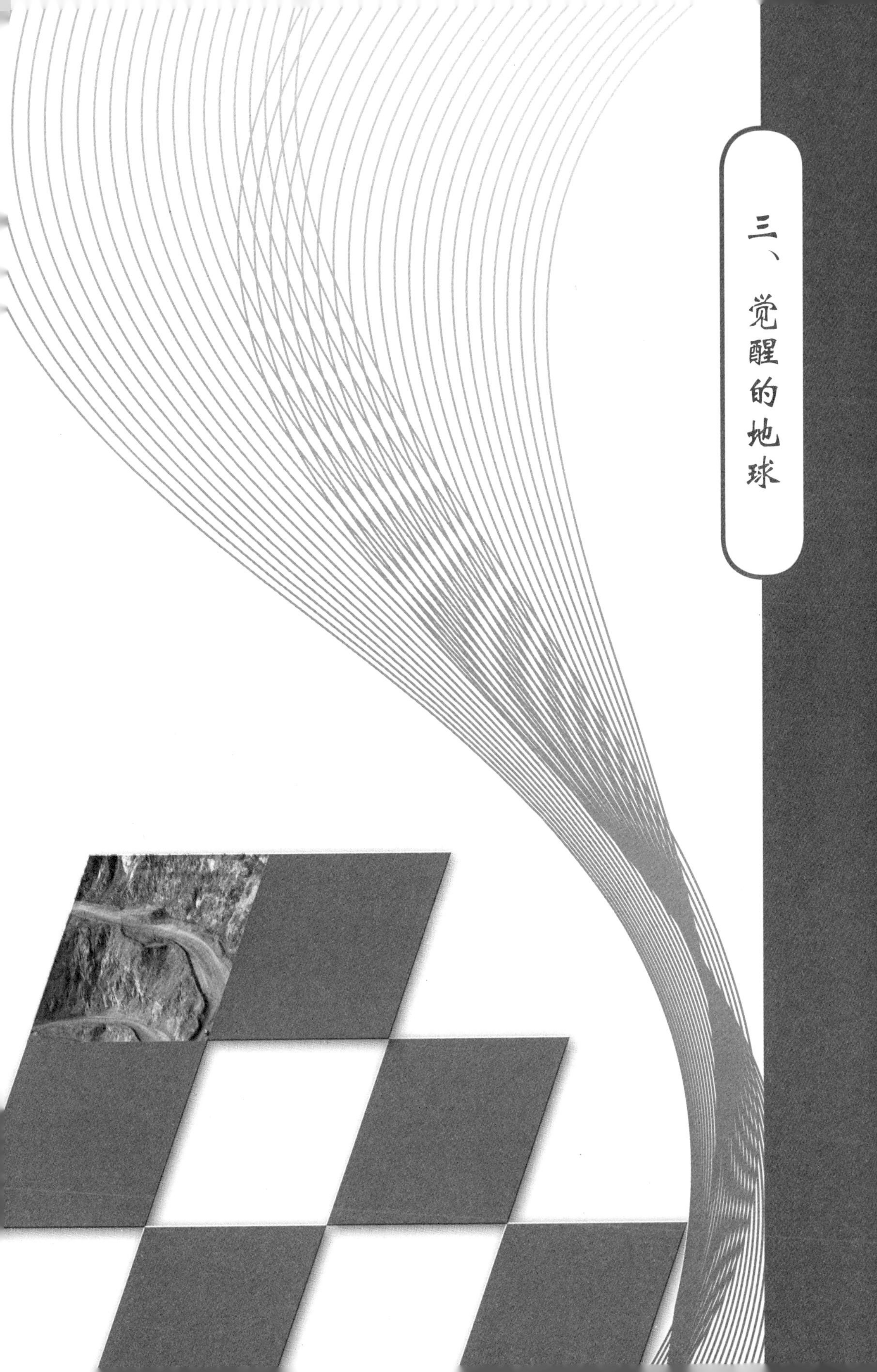

三、觉醒的地球

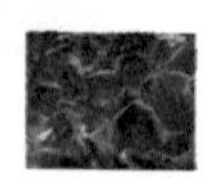

从 20 世纪末开始，人类社会已阔步进入高科技和大科学时代，同时，随着人类社会的飞速进步和发展，地球受到来自人类的各种威胁，人类将自己陷入困境，人口、资源、环境已成为全人类共同关注的问题。

地球遭受的威胁不是来自其他星系的太空人，而是来自以地球为生存条件的地球人。人类在威胁着自己的星球。

当然，这种担心并非始于今日。当原子弹、氢弹等可怕的摧毁性武器出现的时候，一些头脑清醒的人就认识到，从此以后人类的能力可以毁灭整个地球表面，可使生命荡然无存。今天这种核威胁阴影依然存在。同时，还存在着另一种危险——地球资源的枯竭，它的影响面广，形式多样，爆发时间缓慢且具隐蔽性，但其造成的破坏同样是残酷无情的。由于不断地开发地球资源，在其表面耕耘、建造、开采宝藏、乱丢废弃物，力图将地表改造得符合自己的利益，人类最终将会使自己赖以生存的基础——自然生态平衡——置于危险的境地。

今天，我们已经看到，人类确实面临着一系列自然资源匮乏和环境恶化问题的困境。从另一个角度看，这一些困境的产生是不是意味着饱受人类蹂躏的地球的觉醒或反抗？

地球表层生活着数千万种生命物种，这是人所共知的。这样一个创造生命、繁衍生命的星球，她自己是否就是一个生命体呢？一位外国科普作家曾在自己的著作中就提到：地球是一个生命有机体，这颗蓝色的星球是一个活着的星球。

他这个假想是从人体的共生状态推理而来的。人体——智慧生命体中存在明显的共生状态，如人体温度大约保持在37℃，人体中的血球数量、血液中酸盐成分及化学平衡等，维持着人体生命延续的最佳环境。而在地球中也存在着这种共生状态。如地球的皮肤——地表的平均温度保持在15℃～35℃，地球的肺——海洋中的盐含量保持在3.5%左右，大气层氧浓度保持在20%左右，等等。这些共生现象的存在说明地球具有生命体的基本特征。

对于这样一个活着的地球，我们人类在她的身体上做出的种种行为，她总是温顺地忍受着，比如乱砍滥伐森林、移山填海、修筑水库、建设城镇、污染大气和水，甚至对地下资源进行毫无节制的乱采滥挖。种种不堪忍受的凌虐，终于使这颗具有生命的蓝色星球觉醒了，她以不可抗拒的自然规律向人类进行了种种报复。

（一）环境现状——人类面临的困境

——环绕我们地球的大气层只有薄薄的一层，有了它，地球环境才变得柔和，适于生命繁衍。然而，大气层正处在恶化之中：离地面 20 千米—25 千米高空的臭氧层能够保护我们免受太阳短波紫外线的照射，可是在南极的上空，这一“层”已被撕破，二氧化碳虽是大气层数量微小的组成部分，但它对保持热平衡作用极大，目前由于全球工业的迅猛发展，二氧化碳正在快速积聚，人们一直担心它将对气候产生重大影响。

——一些国家因城市空气污染严重，肺病及窒息病患者人数大增，达到不得不向社会保障部门报警的地步。近几年，我国大部分城市已频遭污雾霾天气的影响，情况不容乐观。

——昔日被视为天国之纯洁象征的雨水现也变酸，致使在某些地区，树叶和汽车车身因受化学侵蚀而痕迹斑斑。

——陆地上的淡水污染日益严重，合乎卫生要求的地下含水层已非常少见。人类的淡水用量愈来愈多，因而污染淡水的机会也随之增加。会不会有一天，地球表面的可饮用水会变得越来越珍贵？

——海洋曾被认为辽阔无比，拥有不可穷尽的更新能力，可今天它也被污染得不堪重负：石油污染使海洋表面

图 31　内蒙古土默特左旗打出一眼日涌水量 9000 吨的自流井

化学平衡失调，海岸附近堆积了大量有毒废弃物，海洋生物因此受到威胁。

——水循环受到的干扰并非只是化学方面的。由于森林被伐，水土流失，洪灾次数增多，规模愈来愈大。大气成分的改变带来气候变化，使有的地方逐步沙漠化，有的地方刮起龙卷风，全球出现海平面缓慢上升的情况。在马尔代夫，那一座座乐园般的岛屿面临着被淹没的危险。继而受到这种威胁的将是荷兰和孟加拉国。过去科幻小说中提及的两极冰雪完全消融的情景有可能变为现实，虽然目前还未构成巨大威胁，但已经令人忧心忡忡了。

上面讲的还未包括某些动植物灭绝、森林面积减少、施撒化肥与杀虫剂对土壤的破坏、城市无序发展和农村休耕地扩大等问题，但已可以表明，我们面临的问题是何等繁多，而且相互关联。

今天，没有哪一种有一定规模的人类活动不让人关心其对环境的中、远期影响。无论是在人类自身的发展方面还是在经济增长、改善生活方面，我们好像受到了来自各方面的侵害。但与此同时，我们却未做出应有的反应，好像处于一种麻痹状态。

环境问题已引起世界性的关注。这或者是因为到处都不同程度地遇到了与之有关的问题，或者是因为这方面问题直接关系到我们地球整体的未来。城市空气污染、饮用水稀缺、土壤破坏、二氧化碳及海洋问题都直接关系到全球。从地球的某一点扩散的污水、废气，会殃及地球的其他部分，这就是现实。

（二）资源前景——令人担忧

除了自然灾害外，人类长期以来还对自然资源的前景表示焦虑。

人类社会各种系统的运转，需要消耗能源来驱动，所以能量也在不断地散失着。金属和塑料废物可以回收利

用，碳、磷等元素可以随着庞大的自然过程再行循环，然而能源却无法回收利用，一旦用过，它会飞走，永远地失去！

开采原料、加工产品、运输、取暖等等，无不需要消耗能源。于人类有益的一切活动都在“吞噬”着能源。

没有足够的能源，21世纪经济建设靠什么来驱动？

图 32　西藏羊八井地热田

然而，能源需求量仍在不断增长。21世纪是否有足够的能源让我们人类顺利度过？石油和煤炭将在多少年后被采尽？而正在这时，大气层中二氧化碳的含量之所以增加，也正是燃烧这两种矿产所致。要想不出现更严重的气候灾害，人类就必须减少对石油和煤炭的消费。

自广岛事件，特别是切尔诺贝利以及福岛核泄漏事故发生以来，人们谈核色变。然而，即便算上第二次世界大战中日本因原子弹死伤的人数，核能也比煤炭造成的伤亡

人数少之又少。当然，还存在核废料储存的问题，核动力汽车和核动力飞机还未大范围投入使用，而且铀资源也非取之不尽。

代用能源不尽人意，也许是因为人们还未全力以赴。在太阳有限的生命里，太阳能从理论上讲是无穷无尽的，它能使大气和水的自然循环得到极好维持，遗憾的是人类至今还未找到高效利用太阳能的办法，使之成为一种普遍且高效的代用能源。地热能仍然是一种仅限于某些特定地区使用的能源，从核聚变中提取民用能源目前已经实现，但截止到 2014 年 9 月，我国大陆已建立且投入商业运行的核电站只有 8 个。

即使这些核技术发展的危险可以逐渐被克服，仍还有一个核废料的处理问题，如何完全、永久地处理核废料是科学家们的一个重大课题。

（三）中国矿产资源——面临严峻挑战

我国是一个拥有 14.25 亿人口的大国，资源、环境问题更是保证可持续发展的最大挑战。

人口增长、经济发展与资源、环境条件保护之间的矛盾与日俱增，显然，要保证可持续发展，就要保证有可供持续利用的资源，对于不可再生的矿产资源而言，问题尤

为突出。我国经过50多年来在各地开展的大规模地质勘查工作，到目前已发现171种矿产资源，有探明储量的矿产159种，是世界上矿种齐全、配套程度较高的少数几个国家之一。

但是我国矿产资源存在着先天性不足：

矿产资源总量丰富，但人均资源不足。在159种矿产中储量丰富和比较丰富的矿产有60多种，其中20多种矿产储量位居世界前三位。45种主要矿产保有储量的潜在价值达16.53万亿美元，列美国和俄罗斯之后，居世界第三位。但人均拥有资源量却差距巨大，我国人均拥有矿产资源潜在价值为1.5万美元，还不到世界人均水平的1/2，是俄罗斯的1/5，美国的1/8。

矿产资源有丰有欠，优势矿产多半用量不大，大宗矿产多半储量不足。除了煤炭之外，钨、锡、锑、钼、汞等储量比较多，但用量有限。用量大的矿产，如铁、锰、铜、石油、天然气、钾盐等，则多半储量不足。钾、铂、金刚石、铬铁矿等矿产资源短缺，至今不能满足建设需要。

矿产资源贫多富少。在已探明储量中，铁矿80%以上是贫矿，品位在30%～35%之间，而澳大利亚、巴西等国目前开采的铁矿品位一般都在60%～65%之间。铜矿品位大于2%的只占6%，品位大于1%的不到30%，

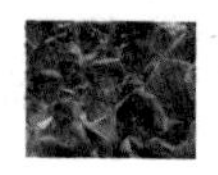

而在美洲、非洲，有品位很高的铜矿。我国的磷矿品位大于或等于 30%的只有 7%左右。铝土矿中铝与硅之比大于 7 的不到 20%，世界上许多国家的铝土矿中铝与硅之比都大于 7，有的甚至可以达到 10。

共生、伴生矿多，单一矿少。在我国，一个矿床中往往有几种主要矿产赋存在一起，一种主要矿产往往伴随有几种甚至十几种有益元素。有色金属矿产中大多数为多组分综合性矿产，据不完全统计，具有二种以上有益伴（共）生组分的矿床占 80%左右，铁矿中综合性矿产也占 1/3 左右。这给冶炼工作增加了难度。

作为矿床规模分布的一般规律而言，中、小型矿床多，大型、超大型矿床少，而这种现象在我国尤为突出。如铁矿 1942 处，大型矿仅有 101 个，占 5.2%，但储量却占全国铁矿总储量的 63%；铜矿区 974 个，大型矿仅 26 个，占 2.7%，中型矿床占 8.9%，小型矿床占 88.4%。

分布不均衡。由于地质条件不同，我国矿产分布具有明显的地域差异，如煤炭集中于晋、陕、内蒙古三省地区，占全国保有储量的约 68%；铁矿集中于辽、冀、川三省地区，约占全国保有储量的 60%；铜矿主要集中在长江中下游、川、滇及山西中南部深山地区；磷矿主要集中在云、贵、川、鄂四省，占全国保有储量的约 70%。此外，还有一

些大型矿床分布在我国边远地区，如新疆、内蒙古的煤，西藏、新疆、内蒙古的铬矿，西藏的铜，青海的盐湖资源，等等。这种分布格局使矿产资源的开发利用严重地受到交通运输条件的制约。

（四）我国矿产资源开发利用现状

新中国成立后，一直到2000年那段时间，矿业部门以丰富的地质勘查成果为基础，建成了一大批矿业基地，依托矿业发展起来的城镇达300多座，它们在我国国民经

图33 在南极观察地质现象找矿

济发展中发挥了重要作用。全国当时建成国有矿山企业8840个，集体与个体矿山企业26万个，从事矿业的人员总数近200万人，开发利用的矿产达139种。如2001年全年固体矿石总产量达90亿吨，石油总产量是2.04亿吨，天然气总产量1025.3亿立方米。但是，如今我国矿产资源的情况大变，形势不容乐观。新常态下矿产需求不振对矿业有着重大影响，而且矿业行业先天不足，保生存是现在很多企业的首要目标。而且，各大矿业公司大多在价格暴跌、亏损持续的情况下，进一步扩大产量，从而控制单位成本。比如铁矿，即使在价格从高价暴跌约70%的情况下，具有资源和成本优势的国际矿业公司仍然在增加产量。

再次回到我国矿产资源，其对国民经济建设的保证程度可分为以下三类情形：

A. 资源丰富、储量充足，可保证国内需要，并能保障相对出口量的矿产有：煤、钨、锡、钼、稀土、盐、石墨、萤石、菱镁矿、重晶石、滑石、石膏、高岭土、硅藻土、膨润土、硅灰石、水泥灰岩、玻璃硅质原料、石材等19种。

B. 探明储量并可基本保证目前的需要，但以后资源形势将趋紧张的矿产有：铁、锰、铅、锌、镍、硫、磷、铜、石棉、海泡石和凹凸棒石等10多种。

C. 有一定资源潜力，但探明的后备储量不足，目前可供利用的储量有较大缺口的矿产有：石油、天然气、铜、金、银等5种。

现有矿山有不少已进入后期，原开采资源近于枯竭，今后生产能力将迅速递减，若将这一因素考虑进去，我国矿产资源形势更为严峻。到2030年，我国将处于工业化中期，加之人口增长，对矿物能源与原材料的需求总量相当大。今后地质勘查工作若不能有效加强，矿产资源不能得到合理的保护，多数矿产将日趋短缺，我国工业发展将面临“无米下锅”的局面。

面对这些困境，我们地球人、我们中国人将怎么办？

四、可持续发展：资源环境协调发展之路

在历史发展的不同时期，由于社会生产力水平和科学技术的跳跃性发展，导致人类对矿产资源的开发利用程度总体上也呈现跳跃式增长的特点。这仅从黄金的开发就可见一斑。据考证，人类开采黄金始于6000年前，而真正有一定规模的开采始于公元之初。从4世纪至2015年，全世界共采出黄金17.7万吨，其中4世纪前，推测当时最大的几个封建帝国开采的黄金总量也不过数十吨，主要的获取方式是通过人工在沙滩和河谷里拣取或淘取。从4世纪到第一次工业革命前，世界开采的黄金估计有1200吨左右。到20世纪初，黄金开采总量已达2.9万吨。20世纪以来开采的黄金有14多万吨。由此可见，随着社会的发展和科学技术的进步，人类对黄金的开采量呈级数增长。今天，所有这些黄金的80%～85%构成了现在世界各国的国家财政金融基石的储备金。其余部分多用于首饰工艺品和工业用途。同时黄金在世界经济和社会生活中起着十分重要的作用。

然而，哺育了人类文明的地球，今天却出现一个令人忧心的现象：大部分已探明的矿产资源已不能满足目前正加速发展的世界经济需求。资源短缺已在相当程度上阻碍了世界各国经济发展和人民生活水平的提高。我们的祖先

图 34　经 40 年的艰苦工作，新疆已经成为我国又一重要有色金属工业基地，图为阿舍勒铜矿正在加快勘探

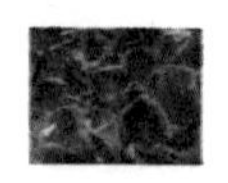

恐怕没有想到自己繁衍生息的地球有朝一日会被子孙们“坐吃山空”。即使在70年前，要是哪位有先见之明的经济学家、社会学家向世人发出“人类将面临资源危机”的警告，也恐怕没有人理会，甚至可能被认为是“杞人忧天”。因为工业革命带来巨大的技术进步，以及对经济增长和利润的无限追求，极大地激励着矿业的蓬勃发展，人们完全陶醉于工业化所带来的一系列辉煌成就之中。当20世纪70年代出现石油危机，20世纪80年代水资源危机时，人们才认真地清查起自己资源宝库的储备，结果惊恐地发现，已探明的宝贵矿产资源所剩无几了。不仅如此，由于盲目过度地开采和利用资源，还造成了人类生存环境的严重恶化，温室效应、臭氧层的破坏、厄尔尼诺现象等一系列极具破坏力的灾害性环境事件，无一不与资源的滥采滥用有关。面对如此困境，人类该如何寻找出路呢？显然，采取对未来持悲观态度的“罗马俱乐部”学者们提出的限制增长战略，是行不通的。我们很难想象让世界各国停止开发利用资源，停止经济增长，这不仅会导致社会停滞不前，甚至倒退，而且会使人民生活水平下降，从而引发社会动荡。从另一方面看，当今世界各国的经济比以往任何时期都更需要相互依赖和互相渗透，资源和环境这两大社会可持续发展主题也越来越受到各国的关注。20世

纪80年代，许多国际经济学家和政治学家们曾从全球发展和人类共同进步的角度，探讨了世界未来发展的理想途径，一致认为，不论是发达国家，还是发展中国家，都必须走可持续发展之路，而资源特别是不可再生资源的开发也必须具有可持续性。尽管不同的国家由于其政治、经济和社会以及价值观念的差异，对可持续性的理解不完全一样，但有一点是共通的，就是经济发展中必须保障矿产资源的充足供应，同时又不使环境破坏达到不可接受的程度。可持续发展向地球科学家提出了前所未有的新挑战，要求他们要广泛而清楚地向社会宣传传统矿产资源在经济上的重要性和实际上的有限性，研究矿产如何能在不破坏环境的前提下，实现与经济的同步增长，探索新的矿产来源，并发展开发新资源的新技术、新方法和新领域。这是当今和未来地球科学家们义不容辞的使命。

（一）技术进步——矿之源泉

在进入21世纪以来，世界各国矿产资源的紧缺问题已显得越来越紧迫，如何解决这个问题呢？邓小平同志曾论断得好："科学技术是第一生产力。"可以说，解决这一问题的必由之路就是加快科学技术进步。我们知道，矿石和非矿岩石的主要区别是看它是否能够被人们开采利用。这中间所采用的开采和冶炼技术起着至关重要的作用。纵观人类几千年的矿业史，可以发现，每次采矿和冶炼技术的重大革新，都伴随着社会生产力的大幅度提高，新矿产资源的重大发现和资源宝库的极大丰富，许多曾经不被人们看作矿石的岩石，后来却成了重要的矿产。例如，在6000年前，人类最初利用的铜矿是含铜很高的孔雀石，当时采矿主要是在地表挖孔雀石，然后直接烧炼出一些铜的合金（青铜等），这类矿石的冶炼温度较低，冶炼过程十分简单。由于当时对铜的需求较少，地表孔雀石就足以满足人们生产和生活之需。随着社会生产发展，人们对铜的需求增大，地表孔雀石却越来越少，已不能满足需要，于是地下采矿技术和氧化铜矿石冶炼技术就被发展起来，氧化铜的资源量远大于孔雀石，一般产于地表至地下100米深度范围内，且容易开采。我国湖北大冶铜绿山采矿古遗址，就有2000多年前人们在地下采铜过程中遗留下的坑道、竖井，以及提炼出铜后丢弃的废矿渣堆。到18世纪工业革命时期，工业发展对铜资源的需求大幅度增长，于是伴随着矿产勘查、采矿和冶炼新技术的发明，大量新型采矿机械和动力装置及高温冶炼装备被制造出来，所利用的铜矿石由氧化铜矿石为主转为品位相对较低，但资源量巨大的硫化物块状铜矿石（含铜2%～10%）为主。由

于矿石品位的降低，铜矿石的产量成倍增长，在很大程度上保障了西方工业化国家的经济快速增长。但到20世纪中期，第二次世界大战后，西方工业国家的经济开始复苏，发展中国家的工业化进程加快，对铜的需求再次高涨，铜资源又一次出现短缺，直到20世纪70年代初，勘查、采矿和冶炼技术的进步使品位仅为0.3%～0.6%的斑岩铜矿得以开发，才算避免了世界性的铜资源危机。由此可见，勘查、采冶技术的每一次重大革新，都会大大扩展可利用矿产资源的“疆界”，给人类社会带来极大的物质满足。除此之外，新技术的应用，还可以使我们从过去数千年人类在采矿和冶炼活动中所抛弃的废矿渣中提取有用的金属，从而达到“变废为宝”和治理环境的双重目的。可以预见，技术进步有朝一日会使矿产开发成为无废弃物、无污染的绿色产业。

（二）入地取宝

《封神演义》中有一位神话人物叫土行孙，他有一种神奇的本领，能在地下自由行走，日行八百，夜行一千。英国著名科幻作家凡尔纳也曾在科幻小说《地心游记》中预想到人在地球内部进行探险。今天这些幻想正在逐渐成为现实。如南非开采黄金的坑道向地下深达4100多米，

钻井探矿深度达5522米，证实深部仍有丰富的金矿石，据推测，新发现的深部金资源量至少可开采15年—20年。另外，科学家们在俄罗斯科拉半岛布设的超深科学钻井已达12200米，并且在4500米深处发现了铜、镍和金的矿化岩石。这些科学探测表明，在地壳深部蕴藏着十分丰富的矿产资源。我们知道，地球是由地壳、地幔和地核构成的，地壳平均厚度是33千米。目前人类的采矿活动主要是在地表以下1000米左右深度范围内进行的，我国大部分矿山的开采深度不超过500米。在这样深度内的矿产资源即将告罄，即使通过技术进步，把浅部的低品位的矿产也充分利用起来，其总量也是十分有限的。如果能到地表以下10千米范围采矿的话，那么可以想象，我们的矿产资源储量将有可能增长十几倍，甚至上百倍。地球内部可利用的成矿空间分布在从地表到地下1万米，目前世界先进水平勘探开采深度已达2500米～4000米。当然，要真正达到地球深部获取资源，还有许多困难需要克服，首先是在地下1000米以下深度，地下温度随着深度的增加而增高，可达50℃～150℃，压力也会大大增加，这对人的生命是危险的，只有特殊材质的设备才能承受这样恶劣的条件。其次，由于深度加大，垂直运输距离增大，需要更多的电力来从几千米深处把矿石提升到地表，开采矿石所

花费的成本也将大大提高。另外，深部采矿所留下的空洞是否会给当地造成地质灾害，如地陷、地下水污染、诱发地震等。所有这些问题和困难的解决都需要人们拿出极大的勇气，发挥聪明才智，进行艰苦卓绝的科学探索。在此方面，许多科学家曾做了大量有成效的科学研究工作。如地下采—选—冶一体化研究，就是在地下深处一次完成采矿、选矿和提炼的过程，另外人工智能的发展和推广将有利于这种探索。一些科学家当时提出的解决方案是采用地下生物提炼技术，即培养一种能在地下深度恶劣条件下生存的以吃矿石为生的细菌，让它们在地下把矿石分解，使人所需要的金属从矿石中分离出来，从而达到提取矿产品的目的。这种生物技术的优点是耗能低、无污染。另外，有些科学家还设想，能否将地下采矿与人类居住工程结合，地下采矿的同时，考虑把已采空的地下坑道和竖井改造成人们居住和工作的场所，建造地下城镇，这样既可以充分利用地下资源，又可以为人类提供新的生存空间，解决耕地占用、住房和建筑用地以及地面生态恢复等围绕人类的社会问题。

总之，人类在向地球深部进军中，已迈出了第一步，前景是十分诱人的，只要我们坚持不懈地努力，可以预见，在不久的未来，地面将见不到矿石堆集如山、采掘机和运

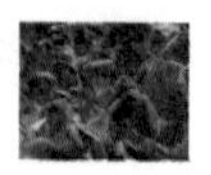

矿车轰鸣的矿山，而一座美如花园的城镇下可能就有一个现代的大型矿山。

（三）探寻龙宫之谜

海洋是地球生命的摇篮，人类的起源和进化的每一历程，都与海洋的演化息息相关。多少世代，我们的祖先都梦想着到大海中去探宝寻奇，《西游记》中对四海龙宫的水晶宫的精彩描述，生动地表达了人类对大海的神往。在科学技术发达的今天，到海洋深处去探险和进行科学考察已不是什么幻想，海洋地质学家通过深海探测摄像等多种手段向人们展示了丰富多彩的海底奇观异景和复杂多变的地质现象以及丰富的自然资源。19 世纪末，英国一艘名为“挑战者”号的帆船，在海上进行了长达 3 年多的考察，队员们带回一些黑不溜秋的块状物，跟瘤子一样。开始谁也不知道那是什么，于是拿到化验室去分析，结果发现这个长得像瘤子一样的块状物主要成分是锰，早期人们叫它“锰矿瘤”，后来被人们改名为锰结核，这就是首次在太平洋底发现锰结核时情况。这是一种富含镍、钴、铜等多种金属矿化的结核体，大小从几厘米到几米，主要散布在 4000 米—6000 米深的海底面上。在随后 100 多年的海底科学调查中，几乎所有大洋底都发现了这种锰结核。据

图 35　“海洋四号”在太平洋进行多金属结核资源调查中装备的自返式“抓斗”

图 36　大型无缆水下机器人——“探索者”号

图 37　“瑞康-4”中型水下机器人

此估计，全球锰结核总储量可达 1.5 万亿～ 3.0 万亿吨，按平均含镍 1%计算，镍的储量就达 150 亿～ 300 亿吨，是地球陆地镍储量的 100 倍以上。此外，太平洋每年还有 1000 万吨左右的锰结核正在形成。除了锰结核，科学家们还在海洋底的海山上发现了大量富钴结壳岩，这也是一种重要的海底多金属矿产，其储量也十分惊人，是陆地钴矿储量的近 50 倍。实际上，海水本身也是一种丰富的矿产资源宝库，据研究，从海水中可以提取用之不竭的食盐，还可提取钠、钾等轻金属。每吨海水含金 0.004 毫克～ 0.02 毫克，世界大洋海水中金的总量可达 5500 万吨，2012 年至 2014 年，世界黄金年消费量大约分别为 4470 吨、4087 吨、3923 吨，呈现逐年减少的态势，若能把海水中的黄金提炼出 1%，就可供人类使用好几百年。如今，在陆地上矿产资源越来越难寻找、难采选、难冶炼的情况下，世界上许多国家把目光投向了占地球表面积 71%的海洋，美国等工业化国家已先后投入巨资，对大洋底部的矿产资源进行了广泛的地质矿产勘查。中国在 20 世纪 80 年代初就开始了对大洋多金属结构的海洋调查工作，当时花了十几年圈定 30 万平方千米的锰结核富矿区，并在 1991 年获准成为“先驱投资者”，在东太平洋拥有了 15 平方千米的开辟区。从技术上讲，一些技术先进的工业化国家，如

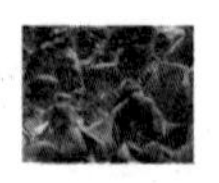

美国、英国等早已有开采海底锰多金属结核的能力。中国曾在 20 世纪 80 年代中制订过一项雄心勃勃的开采利用太平洋底锰结核的计划，当时预计在 1995 年正式启动开采。但直至 2011 年初该计划仍没有实施，其中一个重要的原因就是人们担心海底生态环境可能会由于采矿而遭到破坏，进而影响全球气候和人类的生存。对此，科学家进行了详细的调查研究和评估，终于在 2011 年 7 月，中国蛟龙号载人潜水器完成 5000 米级海上试验，迈出了开发海底锰结核的重要一步。

图 38　我国 6000 米级无缆水下机器人二赴太平洋凯旋

（四）太空探路

自 1957 年 10 月苏联发射第一颗人造地球卫星开创了太空时代后，美国和苏联先后发射了一系列飞往月球、火星、金星、水星和木星的空间探测器，带回了大量的行星体照片、各类探测数据和岩土样品，使人类对地球以外的行星体的了解认识有了巨大的增长。特别是 1969 年 7 月美国阿波罗 11 号载人宇宙飞船，成功地将人送上月球，第一次把人的足迹留在了地球以外的星体上，开了人类进入太空探险的先河。我国也在近十几年来接连发射了神

图 39　玉兔号月球车全景相机拍摄的“嫦娥三号”着陆器图像

舟 5 号到神舟 11 号载人宇宙飞船，启动探月“嫦娥工程”，并向月球发射了嫦娥一号、二号、三号探测器，嫦娥四号、五号探测器也即将发射，登陆月球。近 50 多年来科学家对月球，进行了比较深入的研究，对月球的地形地貌特征、月表物质、月表地质作用和月球内部结构等有了一定程度的了解。研究表明，月球的形成年龄与地球相近（46 亿年），月表主要物质成分与地球也基本相同，所不同的是月岩的二氧化碳和碱金属含量稍低，没有含水的矿物岩石，也没有三价铁（因为缺氧），大部分相对易挥发的元素，如铷、铅、铋、砷、汞、铜、锶、钡、锌等含量较低，而一些难熔元素（如钛、锆、铬、稀土元素等）含量较高。当然，上述认识只是部分月表岩石的成分，并不一定代表整个月表，特别是月表背面的岩石成分。尽管如此，许多科学家相信，像月球这样巨大的自然卫星，其内部一定蕴藏着极为丰富的人类需要的矿产资源，也许在 21 世纪末，人类就可能实现到月球上去开发月球资源的计划。除了月球外，人造探测器登陆的星体还有火星和金星。特别是 1997 年 7 月 4 日，美国“探路者”号宇宙飞船在火星上的成功着陆，以及随后释放的“索杰纳”号火星探测车令人激动的一系列探测活动，依然历历在目。根据目前的研究，这些类地行星及其卫星的地表和地貌类似于月球，物质成分各有特

色。尽管现在谈开发火星和金星为时尚早，但从人类向外层空间发展的方向和难易程度考虑，火星和金星及其卫星是继月球开发之后的最有希望的接替地。当然这种开发不仅仅局限于资源的利用，还可能包括人类的科学试验基地、生产基地和居住地的建设等涉及人类未来发展的项目。

大科学家讲科学

奇妙的昆虫王国
——著名科学家谈昆虫学

让生命焕发奇彩
——著名科学家谈生物工程学

种瓜得瓜的秘密
——著名科学家谈遗传学

先有鸡还是先有蛋
——著名科学家谈生命起源

爱护我们共同的家园
——著名科学家谈地球资源

天气的脾气
——著名科学家谈气象学

科学肌体上的“癌细胞”
——著名科学家谈伪科学

爷爷的爷爷哪里来
——著名科学家谈人类起源

人类对万物的驾驭术
——著名科学家谈控制论

奇妙的声音世界
——著名科学家谈声学

军事王国漫游
——著名科学家谈军事科学

人类创造的神奇之光
——著名科学家谈激光技术

人机共创的智慧
——著名科学家谈人工智能

画中漫游微积分
——著名科学家谈微积分